H. DOR

ÉCHELLE

POUR MESURER

LA VISION CHROMATIQUE

<table>
<tr><td>PARIS
G. MASSON
LIBRAIRE DE L'ACADÉMIE DE MÉDECINE</td><td>LYON
H. GEORG
MÊME MAISON A BALE ET A GENÈVE</td></tr>
</table>

1878

ÉCHELLE

POUR MESURER

L'ACUITÉ DE LA VISION CHROMATIQUE

Par le Prof' D' H. DOR

PARIS	LYON
G. MASSON	**H. GEORG**
LIBRAIRE DE L'ACADÉMIE DE MÉDECINE	MÊME MAISON A BALE ET A GENÈVE

1878

$$V C = \frac{d}{D}$$

Les diverses échelles chromatiques publiées jusqu'à ce jour avaient pour but d'arriver au diagnostic de la dyschromatopsie et de ses diverses variétés. Celle que nous publions aujourd'hui doit servir à en déterminer la valeur numérique.

Dans une brochure publiée au mois d'août dernier, sur l'examen du sens visuel du personnel des chemins de fer hollandais, Donders (1) a fait une tentative de déterminer quantitativement le sens chromatique. Il a communiqué ses recherches au congrès de Heidelberg (2) et a publié sur ce sujet un mémoire un peu plus étendu dans les *Archiv*

(1) *Rapport angaande het onderzoek van het gezichstvermogen*, etc. Utrecht, 1877.

(2) *Bericht über die* 10¹ᵉ *Versammlung.* 1877, p. 182.

für Ophthalmologie (1). Désignant par K (en hollandais _kleur_ que nous remplacerons par V C, _vision chromatique_) la perception chromatique, Donders donne la formule suivante :

$$V \, C = \frac{1}{m^2} \cdot \frac{d^2}{D^2}.$$

Il admet qu'un œil normal distingue à 5 mètres des couleurs saturées, claires, de 1 millimètre carré, de là le chiffre 1 du premier membre de la formule ; m^2 désigne en millimètres carrés la grandeur de l'objet vu par l'œil examiné ; d la distance maximum de sa perfection, et D la distance correspondante pour l'œil normal. Mais comme l'éclairage, la saturation de la couleur et l'angle visuel ont une grande influence sur la perception chromatique, il faut, dans chaque examen particulier, refaire le calcul pour son propre œil. Il m'a paru désirable de simplifier ce procédé, du moins pour l'examen d'objets opaques. C'est dans ce but que j'ai construit l'_échelle chromatique_ que je publie aujourd'hui.

Et, tout d'abord, il importait de faire un bon choix des objets colorés. Dans ce but, je m'en tins aux _papiers_ dits de _Heidelberg_, qui ont déjà servi aux recherches de Helmholtz, de Woinow, aux miennes et à tant d'autres. Ces papiers collés d'abord sur du carton blanc, afin que le fond noir mat sur lequel il faut les examiner, n'en altère

(1) _Archiv. f. Ophthalm._, XXIII, 4, p. 182.

pas les nuances, m'ont donné dans les essais faits sur plusieurs personnes des résultats différents de ceux de Donders, et j'ai pu reconnaître une perception très-variable pour les diverses couleurs. Ainsi, par un beau jour d'hiver, j'ai trouvé au travers d'une plaque métallique percée de trous ronds qu'il me fallait, pour distinguer facilement les couleurs à 5 mètres, un rond de 2 millimètres de diamètre pour le jaune et l'orange, de 2 1/2 millimètres pour le vert et le rouge, et de 8 pour le bleu, le grenat et le violet. D'autres personnes examinées à la même lumière m'ont donné les mêmes résultats. C'est ainsi qu'a été établie la planche n° I ; la planche n° II a été calculée pour 10 mètres et le n° III pour 20 mètres. Si donc un malade ne voit qu'à 4 mètres l'objet coloré que nous voyons à 20, il a pour cette couleur une perception !chromatique V $C = 4/20$ en négligeant de calculer le d^2, la même proportion se retrouvant dans tous les examens. Comme dans la confection de l'échelle, il a été tenu compte du carré de m, nous pouvons donc simplifier la formule et l'écrire V $C = d/D$. Notre échelle s'emploie donc comme celle de Snellen pour l'acuité visuelle. Toutefois, les variations de l'intensité lumineuse, les différences entre un jour de soleil et de brouillard, modifient d'une manière beaucoup plus considérable notre perception pour les couleurs que notre acuité visuelle, et je fus amené ainsi à rechercher une unité moins variable. C'est dans ce but que j'ai calculé les planches IV, V et VI destinées à être vues à 5, 10 et 20 mètres lorsque l'échelle est éclairée par une bougie étalon des fabriques de gaz, placée derrière un écran, à 20 centimètres en avant du tableau.

Avec un éclairage pareil, il me fallait, pour distinguer nettement les couleurs à 5 mètres, un rond de 3 millimètres de diamètre pour le jaune, l'orange, le vert et le rouge ; un de 7 millimètres (plus petit qu'à la lumière du jour) pour le brun grenat, de 12 millimètres pour le violet et de 20 millimètres pour le bleu.

Pour faire un examen, il faut tout d'abord faire voir la planche calculée pour 5 mètres, et il importe que les planches soient toutes séparées, car un œil qui par exemple ne reconnaît pas le bleu de la planche IV, le distingue par comparaison s'il a pu voir à côté celui de la planche V ou VI. C'est pour éviter ce jugement par induction qui ne donne point le degré réel de la vision que j'ai séparé les six planches de mon échelle. Un seul regard sur ces planches, ainsi que sur les chiffres donnés ci-dessus, permet de juger de la grande différence de visibilité des diverses couleurs. Pour de plus amples détails, voir dans le *Lyon Médical*, tome xxvii, n⁰ˢ 14 et 15, avril 1878, le mémoire intitulé : *Nouvelles recherches sur la détermination quantitative de la vision chromatique*, par le Profʳ Dʳ Dor et le Dʳ Favre.

Malgré de nombreux essais, il n'a pas été possible d'obtenir par la chromolithographie des couleurs absolument identiques à celles des papiers de Heidelberg; mon échelle imprimée diffère, en conséquence, légèrement de celle calculée d'abord. Voici, selon l'ordre de visibilité, la grandeur nécessaire pour percevoir de jour les diverses couleurs à 5, 10 et 20 mètres :

PLANCHE I, 5 mètres		II, 10 m.		III, 20 m.	
Vert	2 ᵐ/ᵐ		4 ᵐ/ᵐ		8 ᵐ/ᵐ
Jaune	2¹/₂ »		5 »		10 »
Orange	2¹/₂ »		5 »		10 »
Rouge	3 »		6 »		12 »
Violet	6 »		12 »		24 »
Brun grenat	8 »		16 »		32 »
Bleu	8 »		16 »		32 »

A l'éclairage d'une bougie placée derrière un écran à 20 centimètres en avant, et un peu au-dessous de l'échelle, nous avons trouvé :

PLANCHE IV, 5 mètres		V, 10 m.		VI, 20 m.	
Orange	2 ᵐ/ᵐ		4 ᵐ/ᵐ		8 ᵐ/ᵐ
Rouge	2¹/₂ »		5 »		10 »
Vert	2¹/₂ »		5 »		10 »
Violet	4 »		8 »		16 »
Jaune	5 »		10 »		20 »
Brun grenat	7 »		14 »		28 »
Bleu	18 »		36 »		72 »

J'ai fait avec mon échelle de nombreuses mensurations, et je me crois autorisé à conclure que cette nouvelle méthode peut servir de contrôle dans les cas de daltonisme congénital et qu'on arrivera même à une détermination quantitative dans les cas de dyschromatopsie légère. Elle servira à déterminer d'une manière positive, par des expériences longuement répétées à intervalles réguliers, si la guérison de cette affection est possible ; enfin, dans tous les cas de dyschromatopsie acquise, elle donnera à nos appréciations une exactitude, une valeur numérique dont le besoin se faisait sentir depuis longtemps et qui nous permettra non-seulement de mieux préciser le diagnostic, mais encore de suivre pas à pas les résultats du traitement. Notre échelle servira, en outre, à examiner les candidats au service actif des chemins de fer ou de la marine, en déterminant d'une manière exacte la valeur numérique de leur vision chromatique. Pour ce dernier examen, il faudra toutefois avoir également recours à la méthode de Donders avec des verres colorés, qui permettra de placer par le calcul les candidats dans des conditions analogues à celles dans lesquelles ils doivent reconnaître les signaux de nuit (1).

(1) Voir Donders. *Archiv für Ophthalmologie*, t. xxiii, p. 4 ; Don et Favre. *Nouvelles recherches sur la détermination quantitative de la vision chromatique.* — *Lyon Médical*, t. xxvii, n⁰ˢ 14 et 15, avril 1878.

Pl. I
Jour 5 m.
Echelle D'OR
IMP. A. ROUX. LYON